這個一看就懂！

# 花漾甜點六宮格

marimo◎著

三悅文化

# 前言

「要怎麼樣才能傳達做點心是件簡單又幸福的事呢？」

自從開始在 Blog、Instagram、甜點教室從事點心製作後，我就一直在思考這個問題。在一邊做點心一邊拍攝照片的過程中，我發現大多數點心的作法，幾乎只要用六張圖片就能完整說明製作步驟。因此，我開始在 Instagram 發表「六宮格食譜」，並從追蹤我文章的讀者們獲得「這個一看就懂！」的熱烈回響，也成了出版這本點心食譜書的契機。

本書的構成方式是將基本食譜以六宮格圖解，變化食譜則以三～四宮格圖解說明。我覺得搭配圖片才能理解麵團或麵糊所呈現的狀態，並易於想像製作時的情景，所以即使是初學者也能很輕鬆就上手。

最常聽到大家跟我說的話就是「做點心要準備材料好麻煩哦」，但事實並非如此。利用家裡隨手可得的材料就能製作點心。

在書中 Part1 率先介紹的是，只用基本的五種材料（雞蛋、低筋麵粉、砂糖、牛奶、植物油），就可做出八種麵團或麵糊基底，進而再添加一些不同的風味，享受調配的樂趣。

接著 Part2 則是在介紹，多了奶油可做出什麼樣的點心、多了巧克力及奶油起司又可做出什麼樣的點心，像這樣增加一些材料的變化食譜。

Part3 主要是在介紹製作冷製點心，在此篇裡會特別提到不同的凝固成形方法，也會示範變化各種不同的製作方式。

製作點心的材料出乎意料的簡單，但如果調配、攪拌、烘烤的方式稍有變化，很有可能會做出不一樣的點心，我想這種意外驚喜也是其中的一種樂趣。而最令我開心的莫過於讓大家覺得做甜點這件事不再那麼遙不可及。希望有了點心的相伴，每天都能笑得很開心。

# Contents

2 前言

6 烘焙點心方程式

8 冷製點心方程式

9 關於本書食譜

10 關於烘培工具

## Part 1 以基本材料製作的點心

以植物油製作的餅乾

12 雪球餅乾

14 薑餅乾

15 芝麻餅乾

只需攪拌混合的簡單馬芬蛋糕

16 原味馬芬

18 莓果香蕉馬芬

19 檸檬馬芬

打發全蛋的海綿蛋糕

20 水果蛋糕

23 卡士達蛋糕

打發蛋黃與蛋白的戚風蛋糕

24 原味戚風蛋糕

26 巧克力鮮奶油夾心戚風蛋糕

27 咖啡大理石戚風蛋糕

28 巧克力香蕉蛋糕卷

以基本材料做成的簡單點心

30 各種類的司康

32 雙色蒸麵包

34 圓滾滾甜甜圈

36 荷蘭寶貝鬆餅

38 COLUMN　關於烘焙模具

# Part 2　添加其他材料製作的點心

**以奶油製作的餅乾**

40 模型餅乾

42 可可牛奶餅乾

44 起司餅乾

46 翻轉蘋果塔

48 無需烤模的水果塔


**以奶油製作的柔軟麵體**

50 原味磅蛋糕

52 紅蘿蔔蛋糕

54 藍莓奶酥蛋糕

56 瑪德蓮蛋糕


**利用簡單材料製作的進階點心**

58 奶油泡芙

61 巧克力奶油泡芙


**以 PLUS α 材料為主的點心**

62 巧克力蛋糕

64 熔岩巧克力蛋糕

66 起司蛋糕

68 蜜番薯


70 COLUMN　常用的材料

# Part 3　冷製點心

**以雞蛋凝固的冷製點心**

72 卡士達布丁

74 格雷伯爵茶風味的
　 烤布蕾


**以吉利丁或洋菜粉凝固的冷製點心**

76 義式奶酪

78 抹茶奶凍

79 芒果布丁

80 柳橙果凍

82 牛奶布丁


**打發鮮奶油的冷製點心**

84 巧克力慕斯

86 草莓慕斯蛋糕


**以冷凍方式製出滑順口感的點心**

88 皇家奶茶冰淇淋

90 芒果冰淇淋

92 香蕉樹莓冰淇淋蛋糕


94 結語

# 烘焙點心方程式

在 Part1 所介紹的各種烘焙點心，
主要是由「五種基本材料」製作而成。
依不同的作法，加入泡打粉、優格等，
調製出麵團或麵糊的柔軟度。
再藉由添加各種不同的配料，延伸出變化食譜，享受調配不同風味的樂趣。

## 五種基本材料

**雞蛋**

採用大小為 **M** 尺寸（淨重 55g = 蛋黃約 20g，蛋白約 35g）的雞蛋。將整顆蛋攪打後使用，或將蛋白及蛋黃分開打發，做出來的點心口感也會有所不同。

$+$

**麵粉**

依蛋白質的含量多寡分成高筋麵粉、中高筋麵粉、中筋麵粉、低筋麵粉。製作點心的麵粉幾乎都是採用蛋白質含量低、麩質含量較低的低筋麵粉。

$+$

**砂糖**

若想要做出來的點心帶著清新高雅的甜味，可採用細砂糖，而若想要味道較濃郁的甜味，則可選擇蔗糖或甜菜糖。加入砂糖可保持麵團的濕潤及柔軟度。

$+$

**牛奶**

採用成分無調整牛奶。風味佳又能保持麵團的濕潤度，還能增加流動性。

$+$

**植物油**

因為是液體，一下子就能擴散到麵糊裡，進烤箱烘烤時，麵團就算受熱膨脹也不會失去彈性。比起奶油，添加植物油的口感較為清爽。一般常見的是使用沙拉油，但我個人喜好使用太白胡麻油。

在 Part2 是介紹將 PLUS α 的材料添加至基本材料裡，
製成各式風味的點心。
例如，不使用植物油而是使用奶油的濃厚風味點心。
還有，只要在麵粉裡多添加一些杏仁粉，味道立刻有所改變。
這些材料不用跑到點心材料行去找，在一般的超市就能買得到。

# PLUS α 的材料

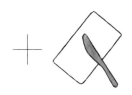

### 奶油

很多家庭裡都備有含鹽奶油，但是在製作點心時要使用的是無鹽奶油，特別是使用經過乳酸菌發酵而成的發酵奶油，更能帶出深層的香氣與美味，所以我經常使用這一款的奶油。

### 鮮奶油

一般是使用乳脂肪含量 40% 左右的鮮奶油。追求清爽口味的話可使用乳脂肪含量 35% 的產品，喜歡濃醇味道則可使用乳脂肪含量接近 50% 的鮮奶油。另外，乳脂肪含量愈高，就能愈快打發。

### 巧克力

以主原料可可豆和砂糖製作而成的巧克力。在國際規格裡的調溫巧克力，因為可可脂的含量高，所以易溶於口，也因此經常被拿來用於點心製作上。

### 奶油起司

如鮮奶油般滑嫩的奶油起司，依不同廠牌，所呈現的酸味及奶油口感會有所不同，所以完成品的味道也會跟著變化。可試一下各個廠牌，找出最喜歡的口感。

### 杏仁粉

也可叫作杏仁霜，其作用是讓麵團變得更有味道，以及保持麵團的濕潤度。另外，製作塔點心中心部的麵團時，杏仁粉是不可或缺的材料。

# 冷製點心方程式

在 Part3 以冰涼姿態呈現的點心，
是在液態的材料中，加入具凝固作用的材料所製成的點心。
凝固材料與鮮奶油等結合後能不能成功打發，這些因素將會影響完成品的口感。

## 基本材料

### 水分
（果汁、果泥、牛奶等）

$+$

### 砂糖
（甜味不夠時）

## 凝固材料

$+$ **雞蛋**

利用雞蛋遇熱就會凝固的特性，用來製作布丁及烤布蕾等。因為蛋黃和蛋白所需的凝固時間和凝固方式不太一樣，所以依蛋黃和蛋白不同比例的調配，完成品的軟硬度也會不同。

$+$ **吉利丁**

是以牛豬的動物皮、骨內膠原蛋白所製成。主要用於製作果凍及慕斯，口感非常綿密、入口即化。有粉狀和片狀兩種，食譜裡所使用的是粉狀種類。請注意，吉利丁若經高溫煮沸，會融化分解且變得不易凝固。

$+$ **洋菜粉**

是由海藻、豆科種子的萃取物，一種如白色粉末的原料所製成的凝固材料。主要用來製作果凍，它的特徵是帶有咕溜咕溜的滑嫩口感。相對於吉利丁必須經冷藏才能凝固，洋菜粉只要在常溫下就可凝固，由於不易溶化，所以如需快速製作時，洋菜粉是很好用的材料。

$+$ **玉米粉**

玉米製成的澱粉。溶於液體後再加熱即可做出黏稠感。在本書製作冰淇淋的食譜中，玉米粉不是為了凝固才在途中加入攪拌混合，而是為了製作出鬆軟的口感。

# 關於本書食譜

**麵團、麵糊的主題**

記錄方式是依麵團、麵糊的製作方法進行分類。首先登場的是基本食譜,接著是搭配其他材料的變化食譜。即使是同樣的麵團或麵糊基底,只要改變一下裝飾方式、變換一下材料及模具,就好像又是一道新的點心,請好好享受這段過程。

**作法**

基本的麵團、麵糊作法是以六宮格圖解說明,而變化食譜是將基本食譜延伸後,以三～四宮格的圖解說明。邊參考圖片邊製作的話,不容易失敗。

**重點**

記錄製作訣竅及需注意的地方、裝飾要點等。

## 關於分量

● 以方便製作的最少分量記錄。想要製作較多分量時,可將材料提高 2 倍。模具大小和麵糊量的標準比例,以圓型模具來說的話是 12cm:15cm:18cm = 1:2:3。

● 如果要改變分量或採用與本書不同的模具時,請配合採用的模具倒入適當分量的麵糊,多出來的麵糊請倒入小容器烘烤。請注意勿倒入超出模具大小的分量。

● 液體材料是以 g(公克)表示。若備有 P10 所介紹的電子秤就能準確測量,熟悉測量方式後,在製作上絕對會方便許多,所以推薦給大家。

## 在開始製作前

● 將工具清潔乾淨再開始使用吧。如果沾附到水分或油分,會使麵團或麵糊分離而不易混合。

● 將全部的材料測量後再開始製作,這樣作業起來會更加順暢。

● 使用烤箱前一定要先預熱。所謂「預熱至 180℃」是指烤箱內部溫度要達 180℃。也有很多時候,烤箱預熱完成的訊號燈響起,但實際上內部還沒達到所需的溫度,所以預熱時間多增加個 5 分鐘會比較保險。我的作法是將烤箱溫度計放入烤箱內部進行確認。

● 依不同的烤箱機型,所需的烘烤溫度及時間也會有所不同。本書食譜是適用於家庭式的電子烤箱,如果是使用瓦斯烤箱的話,溫度設定請斟酌調降個 10 ～ 20℃等。

# 關 於 烘 培 工 具

在此介紹製作點心前所必備的工具。
可以先從鋼盆和打蛋器開始，之後再慢慢添購增加。

## 須事先準備好的工具

### 1. 鋼盆

主要使用直徑 20cm 的鋼盆。材料多時，使用能以電動攪拌器大圈攪拌的大鋼盆，反之，也有小圈攪拌用的小鋼盆。

### 2. 打蛋器

不會過於彎曲、過硬、過重，拿在手上很方便的工具為佳。使用時請選擇適合鋼盆大小的尺寸。

### 3. 橡膠刮刀

用來混拌麵糊，或將鋼盆內的麵糊毫不剩餘地刮入模具內。把手式一體成型的設計乾淨衛生。如具耐高溫特性，就不怕觸碰到火源，使用便利性佳。

### 4. 麵粉篩

用來過篩粉類材料，目的是為了防止粉塊產生及異物混入。剛開始可用網眼細密的濾網等代替也 OK。

### 5. 電子秤

做點心最基本的原則就是材料分量要準確。電子秤最方便的是，可在同一容器裡分別加入不同的材料測量。

### 6. 刮板

利用扁平側切開或整平麵團。圓弧側則可用來翻攪鋼盆內的麵糊，還可用來盛起黏稠狀的麵糊，非常便利。

### 7. 電動攪拌器

製作蛋白霜及打發海綿蛋糕麵糊時不可缺少的工具。

## 有的話會更方便的工具

### 8. 擀麵棍

用於擀平製作餅乾的麵團，如果沒有擀麵棍也可用保鮮膜的軸芯代替（裝有保鮮膜也沒關係）。

### 9. 鋸齒麵包刀

可將蛋糕切得很漂亮，使用前在瓦斯爐上烤一下或滾水燙一下使其溫熱，切出來的斷面會更漂亮。

### 10. 蛋糕轉台及抹刀

裝飾圓型蛋糕時的必要工具。

# Part 1

## 以基本材料
## 製作的點心

　　本篇是在介紹心血來潮時立刻就能製作、用簡單的材料就能完成的點心食譜。只使用雞蛋、麵粉、砂糖、牛奶、植物油，就可做出各式各樣的點心。

　　使用植物油做出的點心，特徵是吃起來較清爽且容易入口。完成的餅乾或司康酥脆有嚼勁，海綿蛋糕或戚風蛋糕即使冷掉後吃起來還是很鬆軟。

　　另外，植物油的優點是可以直接使用，不像奶油那樣需要把它加熱變軟、融解，最適合用在短時間製作的日常點心。

# Snowball
# 雪球餅乾

使用植物油就能簡單地做出酥脆、爽口的雪球餅乾。
在最後要撒上的糖粉中加入草莓粉混合，做出酸酸甜甜的好滋味，
完成品外觀看起來相當可愛，很適合拿來作為禮物。

**材料（直徑2cm的球型24個分量）**

|   |   |   |
|---|---|---|
| A | 低筋麵粉 ······························ | 100g |
|   | 糖粉 ································· | 30g |
|   | 植物油 ······························ | 45g |
|   | 香草精 ······························ | 少許 |
| B | 完成品用糖粉 ···················· | 15g |
| C | 完成品用糖粉 ···················· | 10g |
|   | 冷凍乾燥草莓粉 ·················· | 7g |

**準備**

● A 預先混合過篩。

● 烤箱預熱至 180℃備用。

## How to make

**1** 將過篩後的 A 和植物油倒入鋼盆內。利用叉子背面在鋼盆底部進行攪拌擠壓。

**2** 拌勻混合後，加入香草精，再用叉子攪拌直到和麵團完全融合在一起。

**3** 用手握住2的麵團，揉成一大塊。

**4** 將3均分成24等分，在兩手的手掌心搓成圓球狀。

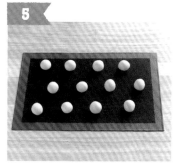

**5** 將麵球排放至鋪上烤盤紙的烤盤上，送進 180℃的烤箱烘烤 10 分鐘。

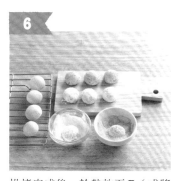

**6** 烘烤完成後，趁熱放至 B（或將 C 混合後的草莓糖粉）中翻滾，使糖粉均勻沾附於表面。

*Point*

● 雪球餅乾放涼後糖粉就不好沾附，所以從烤箱拿出來後請立即進行沾附。

*Variation 1*

# 薑餅乾

以基本材料製成的麵團，
加入微苦的可可粉及帶刺激性的生薑，
調配出清新風味，做出帶有酥脆口感及嚼勁的點心。

🌿 材料（直徑4cm的圓型切模24個分量）

| A | 低筋麵粉 | 100g | 植物油 | 50g |
|---|---|---|---|---|
| | 可可粉 | 10g | 生薑末 | 10g |
| | 細砂糖 | 40g | 牛奶 | 10g |

🌿 準備

● A 預先混合過篩。

● 烤箱預熱至 180℃備用。

*Point*

● 如果麵團過軟，用擀麵棍擀成約 3mm 厚再放入冷凍庫，
　待變硬後取出，再用模具壓製出來的形狀會更漂亮。

*How to make*

**1**

將過篩後的 A、細砂糖、植物油
倒入鋼盆內，同 P13 雪球餅乾的
步驟拌勻後，加入牛奶和生薑末
攪拌混合。

**2**

在麵團上下各鋪上一層保鮮膜，
用擀麵棍擀成約 3mm 厚。

**3**

用直徑 4cm 的切模將 2 壓製成
型。

**4**

排放至鋪上烤盤紙的烤盤上，用
叉子壓出中心的孔洞造型，送進
180℃的烤箱烘烤 10 分鐘。

# 芝麻餅乾

帶點鹹味、脆脆的口感，令人一口接一口的餅乾。
大量加入煎過後香氣四溢的兩種芝麻。

### 材料（3cm的四角型20個分量）

|   | 材料 | 分量 |
|---|------|------|
| A | 低筋麵粉 | 50g |
|   | 細砂糖 | 15g |
|   | 鹽 | 一小撮 |
|   | 白芝麻 | 5g |
|   | 黑芝麻 | 5g |
|   | 植物油 | 15g |
|   | 牛奶 | 10g |

### 準備

● 低筋麵粉預先過篩。
● 芝麻預先用平底鍋煎過。
● 烤箱預熱至 180℃ 備用。

### *Point*

● 加入牛奶混合時，不是摻和一下就好，而是要緊緊地擠壓融入在一起。

## *How to make*

**1**

將 A 於鋼盆內混合後，倒入植物油，同 P13 雪球餅乾的步驟拌勻。

**2**

加入牛奶混合，擠成一大團後，上下各鋪上一層保鮮膜，用擀麵棍擀成約 3mm 厚，用刀子切出 3cm 的四角型。

**3**

排放至鋪上烤盤紙的烤盤上，送進 180℃ 的烤箱烘烤 10 分鐘。

# *Plain muffin*

# 原味馬芬

只要重覆混合的動作，製作馬芬就是如此簡單。
因為是採用植物油，所以吃起來口感較為清爽。

材料（直徑7cm的馬芬烤模6個分量）

| | |
|---|---|
| 雞蛋 | 2顆 |
| 細砂糖 | 80g |
| 植物油 | 50g |
| 牛奶 | 40g |
| A ┌ 低筋麵粉 | 100g |
| └ 泡打粉 | 5g |

準備

● 烤箱預熱至170℃備用。

● 若是製作可可口味，A的低筋麵粉分量請改為90g，再加入10g的可可粉即可。

## How to make

**1** 在鋼盆內打散雞蛋，加入細砂糖，在鋼盆底部以隔水加熱的方式加熱，同時輕輕地打發直至起小氣泡、細砂糖完全融化為止。

**2** 加入植物油，攪拌至混合均勻為止。

**3** 加入牛奶，攪拌至混合均勻為止。

**4** 將A混合過篩後倒入鋼盆內，用打蛋器以畫圓方式攪拌至粉末顆粒完全溶解為止。

**5** 攪拌至圖中狀態，帶有黏稠感的麵糊即可。

**6** 將麵糊倒入鋪上烘焙紙的烤模內，送進170℃的烤箱烘烤25分鐘。

### Point

將正方形烤盤紙的四邊剪開後鋪入烤模內。

烘烤完成後，取出放置於網子上，裝入塑膠袋中保持濕潤並等待冷卻。

*Variation 1*

# 莓果香蕉馬芬

加入香蕉而帶著溫醇甜味的馬芬，與莓果的酸味搭配絕佳。
只添加一種莓果也不失美味。

**材料**（直徑7cm的馬芬烤模6個分量）

| | |
|---|---|
| 雞蛋 | 1 顆 |
| 甜菜糖 | 50g |
| 植物油 | 30g |
| 香蕉 | 1 根（淨重 80g） |
| A ┌ 低筋麵粉 | 70g |
| └ 泡打粉 | 2g |
| 藍莓 | 25g |
| 樹莓 | 25g |

**準備**

● 香蕉預先用叉子等壓碎成泥。
● 烤箱預熱至 170℃ 備用。

*Point*

● 建議選擇表皮帶有黑斑（Sugar Spot）的熟成香蕉。
● 如果是冷凍莓果，不用退冰直接使用也OK。

*How to make*

**1**

同 P17 原味馬芬的步驟製作麵糊。
※ 不同的是這裡是以香蕉泥代替牛奶加入。

**2**

將一半的麵糊倒入鋪好蛋糕紙模的烤模內，再將莓果鋪於上方，然後將剩下的麵糊與莓果交互倒入填滿。

**3**

送進 170℃ 的烤箱烘烤 25 分鐘。

*Variation 2*

# 檸檬馬芬

在鬆軟溫潤的麵糊裡，加入檸檬汁和檸檬皮，口感相當清爽。還可在表面上塗抹檸檬巧克力或白巧克力，外觀會更加可愛討喜。

1

在鋼盆裡打散雞蛋並加入細砂糖，用電動攪拌器打發至呈白色鬆軟狀為止。

2

加入 A，用打蛋器攪拌至混合均匀為止。加入植物油，也是以同樣的攪拌方式混合。

3

加入過篩後的 B，用打蛋器以畫圓的方式充分攪拌，混合均匀後即完成麵糊。

🌿 材料（直徑5cm的迷你馬芬烤模12個分量）

| | | | | |
|---|---|---|---|---|
| 雞蛋 ………… | 1 顆 | A | 檸檬皮 ……… | ½ 顆的量 |
| 細砂糖 ……… | 50g | | 檸檬果汁 …… | 15g |
| 植物油 ……… | 50g | B | 低筋麵粉 …… | 60g |
| | | | 泡打粉 ……… | 1g |

🌿 準備

● 檸檬皮預先磨碎備用。　● B 預先混合過篩。

● 雞蛋預先恢復至常溫狀態。　● 烤箱預熱至 170℃備用。

*Point*

● 麵糊用擠花袋擠入烤模內，烤出來的型會比較漂亮。

● 圖片中的完成品，有在表面塗抹隔水加熱融解後的白巧克力及檸檬巧克力，並撒上開心果碎粒裝飾。

4

將麵糊倒入鋪上烘焙紙的模具中，送進 170℃的烤箱烘烤 18 分鐘。

*Short cake*

# 水果蛋糕

一想到要自己烤製海綿蛋糕就覺得很難！但仔細看一下材料，
會發現都是家裡隨手可得的材料。剩下的只要成功打發全蛋，
其實要烤好蛋糕沒有那麼難，請勇於嘗試挑戰。

# 海綿蛋糕

材料（直徑12cm的圓型模具）

雞蛋 ............................ 1 顆

細砂糖 ......................... 35g

低筋麵粉 ...................... 35g

A ⎡ 植物油 ......................... 10g
  ⎣ 牛奶 ........................... 12g

準備

● A 預先混合後，隔水加熱至相近體溫的溫度。

● 模具內預先鋪上烘焙紙。

● 烤箱預熱至 170℃ 備用。

*How to make*

**1** 將雞蛋及細砂糖倒入鋼盆內隔水加熱，同時一邊用電動攪拌器打發，待溫度達到 40℃ 左右即可從鍋內取出，須打發至牙籤可站立其中而不會傾倒的程度。

**2** 將過篩後的低筋麵粉倒入鋼盆內，用橡膠刮刀從鋼盆底部來回翻攪。

**3** 翻攪直到看不到粉狀物，將一部分的麵糊加至隔水加熱完的 A 裡混合後，再全部倒回鋼盆內。

**4** 用橡膠刮刀從鋼盆底部來回翻攪直到混合均勻。

**5** 將麵糊倒入模具內，將整個模具拿起落下輕敲桌面 5 次，使麵糊表面的氣泡消失。送進 170℃ 的烤箱烘烤 25 分鐘。

**6** 將烘烤完成的蛋糕體放至網子上放涼，待完全冷卻後撕下烘培紙，用鋸齒麵包刀橫切成厚 1cm 的片狀共 3 片。

*Point*

● 12cm 的圓型模具，約是 2 ～ 3 人份的尺寸。

● 如使用 15cm 的圓型模具，材料就準備 2 倍量；如使用 18cm 的圓型模具，材料就準備 3 倍量。並且請觀察烤箱內蛋糕的狀況，自行斟酌延長烘烤的時間。

# 水果蛋糕之裝飾

海綿蛋糕烘烤成功後，接下來就要挑戰用鮮奶油裝飾蛋糕。
用於增加香氣的櫻桃甜酒，如果買不到省略也無妨。

### 材料（直徑12cm的圓型模具）

|  |  |  |  |
|---|---|---|---|
| 直徑 12cm 的海綿蛋糕 | ⋯⋯ 1 個 | 水 ⋯⋯⋯⋯⋯⋯⋯ | 30g |
| A　鮮奶油 | ⋯⋯⋯⋯⋯⋯⋯ 200g | B　細砂糖 ⋯⋯⋯⋯⋯ | 10g |
| 　　細砂糖 | ⋯⋯⋯⋯⋯⋯⋯ 20g | 　　櫻桃甜酒 ⋯⋯⋯⋯ | 2g |
| 　　櫻桃甜酒 | ⋯⋯⋯⋯⋯⋯⋯ 2g | 草莓 ⋯⋯⋯⋯⋯⋯⋯ | 1 盒 |

### 準備

● 用 B 製作出糖漿。將水及細砂糖放入小鍋內煮開融解，待冷卻後加入櫻桃甜酒。

● 草莓用濕布將表面的髒汙拭去，留取裝飾用所需的數量，切成厚 5mm 的片狀備用。

## How to make

**1** 取 A 一半的量用電動攪拌器打發至八分程度。在刷好糖漿的蛋糕體上塗抹鮮奶油，再將草莓與鮮奶油交互重疊鋪上。

**2** 再疊上一段蛋糕體重覆上述動作，將最後一塊蛋糕體覆蓋在頂層。將鮮奶油由上至下全面塗滿於蛋糕表面，放入冷藏 10 分鐘凝固。

**3** 將剩餘的 A 放入鋼盆內，用電動攪拌器打發，攪拌速度要比先前放慢一些。取一半的量整個集中鋪到蛋糕上方。

**4** 一邊轉動蛋糕轉台，一邊以抹刀持水平狀在蛋糕體上均勻塗抹整平。

**5** 一邊增加鮮奶油，一邊將蛋糕體的側面也完整塗抹。上方鮮奶油凸出的部分，往內側抹入再加以整平。

**6** 將剩餘的鮮奶油裝入套好花嘴的擠花袋裡，擠壓至蛋糕上方進行裝飾即完成。

## Point

在蛋糕體刷上糖漿可使蛋糕濕潤，入口即化。

● 塗抹於夾層 & 下方側面的鮮奶油，其打發出來的狀態，須比最後裝飾用的鮮奶油更硬挺一些，所以要分 2 次打發。

● 橫切蛋糕體時，先將鋸齒麵包刀在瓦斯爐火上烤一下或滾水燙一下使其溫熱，並在切入時邊推進刀子，這樣切開的蛋糕斷面會比較漂亮。

*Variation*

# 卡士達蛋糕

用小型模具就可烤出蓬鬆有空氣感的海綿蛋糕。

放入冷藏直到鮮奶油的水分和蛋糕融合在一起， 口感綿密入口即化。

**材料**（直徑8cm檸檬造型模具6個分量）

| | |
|---|---|
| P21 的海綿蛋糕 | 全量 |
| P60 的卡士達奶油 | 全量 |
| A ┌ 鮮奶油 | 50ml |
| └ 細砂糖 | 5g |

**準備**

● 模具內預先塗上一層薄薄的油。

● 烤箱預熱至 180℃備用。

*Point*

● 含鮮奶油成分、味道濃郁的卡士達奶油，適量搭配更顯美味，剩餘的部分還可再用於其他點心的製作。

*How to make*

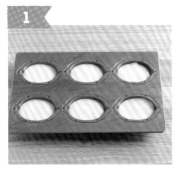

同 P21 的步驟製作海綿蛋糕，將麵糊倒入模具內，送進 180℃的烤箱烘烤 15 分鐘後，放至網子上冷卻。

同 P60 的步驟製作卡士達奶油，將 A 混合後打發至八分程度，再加入至卡士達奶油中混合拌勻。

待 **1** 的蛋糕冷卻後，用筷子等器具往底部裡戳一個洞，再將 **2** 的鮮奶油裝入套好細花嘴的擠花袋裡，擠壓填入洞裡。一個蛋糕約填入 20g 的量。

*Plain chiffon cake*

# 原味戚風蛋糕

做出美味戚風蛋糕的祕訣，
就在於蛋黃與蛋白要分開打發。
如果能確實做到這一點，就可做出極細緻而柔軟的蛋糕。

材料（直徑 17cm 的戚風蛋糕模具）

A ⌈ 蛋黃 ·················· 3 顆
  └ 細砂糖 ·············· 15g
    植物油 ·············· 30g
    牛奶 ················ 35g
    低筋麵粉 ············ 60g
    蛋白 ················ 3 顆的量
    細砂糖 ·············· 50g

準備

● 植物油和牛奶預先隔水加熱至接近人體的溫度。
● 蛋白倒入大鋼盆內，預先放入冷藏。
● 烤箱預熱至 170℃備用。

*How to make*

1 將 A 放入鋼盆內，用電動攪拌器打發 1 分鐘直到顏色發白為止。

2 加入植物油至 1 裡，仔細攪拌混合直到油完全融合為止，再加入牛奶混合。將過篩後的低筋麵粉加入一起混合。

3 抓一小撮細砂糖加入冷卻後的蛋白裡，用電動攪拌器以低速打發約 30 秒。之後每隔 15 秒加入細砂糖打發，共分 4 次加入。白嫩有光澤的蛋白霜即完成。

4 挖一瓢 3 的蛋白霜加至 2 裡，用打蛋器攪拌至混合均勻為止。

5 剩餘的蛋白霜再重新打發一次後，將 4 加入，用橡膠刮刀從鋼盆底部來回翻攪直到混合均勻為止。

6 將麵糊倒入模具內，須充分填入到模具內部，要從模具側面看不到麵糊的程度。送進 170℃的烤箱烘烤 35 分鐘後，倒蓋擺放等待冷卻。

*Point*

因為模具內沒有塗抹任何油脂就直接倒入麵糊，所以要從模具取出蛋糕時，請先用抹刀插入模具內側並環繞一圈，再插入模具底部環繞一圈，中心處以竹籤插入後即可取出。

*Variation 1*

# 巧克力鮮奶油夾心戚風蛋糕

簡單地只添入鮮奶油及水果夾心也可以，
但只要多加一點巧思，即可製作出顛覆一般印象的點心。

**材料（8等分）**

直徑 17cm 的戚風蛋糕 ………… 1 個
巧克力 ……………………………… 50g
鮮奶油 ……………………………… 200g
草莓 ………………………………… 1 盒

*Point*

● 戚風蛋糕連同模具預先放入冷藏確實
　冷卻後，蛋糕會比較容易從模具取出。

● 巧克力裡加入 ½ 小匙的白蘭地再打發，
　味道會更香醇。

*How to make*

| **1** | **2** | **3** |
|---|---|---|
|  |  |  |
| 將巧克力放入鋼盆裡，隔水加熱使之融化，再將鮮奶油分次加入混合。 | 攪拌至混合均勻後，再用電動攪拌器打發。 | 將打發好的巧克力鮮奶油裝入套好花嘴的擠花袋裡，擠到切成 8 等分的戚風蛋糕的中心剖開處，最後再鋪上草莓裝飾即完成。 |

# 咖啡大理石
# 戚風蛋糕

原味戚風融合咖啡風味製成的大理石蛋糕。
切開斷面的美麗紋路令人期待。

🌿 材料（直徑17cm的戚風蛋糕模具）

P25 原味戚風蛋糕的材料 ……… 1 個模具的量
即溶咖啡 ……………………………… 5g
滾水 …………………………………… 5g

🌿 準備

● 烤箱預熱至 170℃備用。

*Point*

● 將麵糊倒入模具時，就等同在進行混合了，所以在
步驟 3 裡，請不要翻攪超過 3 次以上！

*How to make*

先把即溶咖啡用滾水沖開，並充
分攪拌確定沒有粉末顆粒殘留。

同 P25 的步驟製作戚風蛋糕的麵
糊，挖出 ⅓ 的量加至 1 裡，用橡
膠刮刀攪拌混合。

再倒回原來的戚風蛋糕的麵糊裡，
用橡膠刮刀從底部將麵糊向上翻
攪 3 次。

倒入模具內，送進 170℃的烤箱烘
烤 35 分鐘後，倒蓋擺放著放涼，
待完全冷卻後將蛋糕從模具取出
即完成。

*Chiffon cake variation 3*

# 巧克力香蕉蛋糕卷

將戚風蛋糕麵糊倒入流滿整個烤盤，烘烤出扁平的一層蛋糕體，就可做出蛋糕卷囉！

此篇將介紹添加可可粉展現不同風味的蛋糕作法。

口感鬆軟，外觀也討喜，很適合作為招待客人的點心哦。

## 材料（28cm 四方形的烤盤 1 個分量）

| | | | |
|---|---|---|---|
| 蛋黃 ………… 3 顆的量 | | 蛋白 ………… 3 顆的量 | |
| 細砂糖 ……… 15g | | 細砂糖 ……… 50g | |
| 植物油 ……… 30g | | ┌ 鮮奶油 ……… 150g | |
| 牛奶 ………… 25g | A | │ 細砂糖 ……… 15g | |
| 蘭姆酒 ……… 10g | | └ 蘭姆酒 ……… 2g | |
| 低筋麵粉 …… 45g | | 香蕉 ………… 2 根 | |
| 可可粉 ……… 15g | | | |

## 準備

● 烤盤裡預先鋪上烤盤紙。

● 烤箱預熱至 170℃ 備用。

## How to make

**1** 同 P25 的步驟製作戚風蛋糕（蘭姆酒和牛奶一起混合，可可粉和低筋麵粉一起過篩），將麵糊倒入烤盤內。

**2** 利用刮板將麵糊整平，送進 170℃ 的烤箱烘烤 17 分鐘。

**3** 移至網子上，並將側面的烤盤紙撕下，待冷卻後將底部的烤盤紙也撕下。用刀子刻出紋路以方便捲動。

**4** 將 A 倒入鋼盆，用電動攪拌器打發至八分程度。

**5** 將 4 用抹刀完整塗抹於蛋糕體上，在靠近手邊處鋪上香蕉開始捲動。

**6** 包覆住香蕉緊緊地捲入後，用烘培紙包起來放入冷藏 1 小時凝固。

### Point

● 把一部分製作戚風蛋糕的低筋麵粉替換成可可粉，把一部分的牛奶替換成蘭姆酒。

● 打發鮮奶油的時候，將鋼盆底部置於冰水之中冷卻的話，打發出來的鮮奶油會更漂亮。

● 如果倒入麵糊的容器是烤箱配件的烤盤時，請自行依照烤盤的容量調整要倒入的麵糊量。

*Scone*

# 各種類的司康

不用奶油，只用冰箱裡的常備材料，
居然就能做出如此鬆軟、爽脆的口感！令人驚豔的司康。
關鍵就在於使用叉子搗壓混合，使麵團不會產生粉狀團塊。

材料（邊長6cm的三角型2個分量）

A
　低筋麵粉 ·················· 100g
　細砂糖 ···················· 25g
　泡打粉 ···················· 5g
　鹽 ························ 一小撮
　植物油 ···················· 25g

B
　雞蛋 ······················ ½ 顆
　去水優格 ·················· 30g

餡料材（依喜好自行添加）
　橙皮 ······················ 20g
　紅茶的茶葉 ·············· 2g
　藍莓 ······················ 40g

準備

● 用廚房紙巾包覆 60g 的原味優格，並以重石壓約 1 小時去除水分後，取 30g 備用。

● B 預先混合備用。

● 烤箱預熱至 180℃備用。

## How to make

**1** 將 A 過篩後倒入鋼盆內，加入植物油，利用叉子的背部搗壓粉末顆粒至碎屑狀（約花費 2 分鐘）。

**2** 加入喜愛的材料攪拌混合（圖片的餡料是紅茶茶葉和橙皮），加入 B，用叉子攪拌至看不到粉狀物為止。
※ 預留一些為增加光澤塗抹用的 B。

**3** 放至平面上，揉成一大團後用刮板切成兩半。

**4** 將其中一半疊放至另一半上方，並擠壓使兩塊合而為一。

**5** 將上述動作重覆進行 3 次，最後合成一整塊並以保鮮膜包覆，放入冷藏靜置 30 分鐘。

**6** 將麵團取出，用刀子切成喜愛的形狀，在表面塗上少量的 B。送進 180℃的烤箱烘烤 17 ～ 20 分鐘。

### Point

● 步驟 4 以後，如果麵團抓得太緊會黏手，所以訣竅是拿取時用手指輕輕地拍合麵團。若是已沾黏住手指無法分開時，請在麵團表面撒上一些高筋麵粉（分量外）。

● 切開的剖面具有層次，所以烘烤時會往上膨脹。

● 餡料材只有一種也可以，數種混合也 OK。如果不想放任何餡料的話，做出來的就是原味司康。

## Steamed bread
# 雙色蒸麵包

只要用鍋子蒸個 15 分鐘，連烤箱都不必使用就能完成，熱呼呼的蒸麵包。
若在原味麵糊裡加入抹茶粉，立即變身為不同的口味。
關鍵是在鍋子蒸煮期間勿有掀蓋動作，才會成功膨脹。

材料（直徑7cm的瓷器烤皿 3個分量）

原味麵糊
牛奶 ………………… 65g
細砂糖 ……………… 40g
植物油 ……………… 10g
A ┌ 低筋麵粉 ………… 65g
  └ 泡打粉 …………… 3g
番薯 ………………… 50g
黑芝麻 ……………… 適量

抹茶麵糊
除了番薯、黑芝麻以外，
同原味麵糊的材料 … 全量
抹茶 ………………… 2g
甜納豆 ……………… 50g

準備
● A 混合後預先過篩。
● 番薯預先洗淨切丁，送進 600W 的微波爐加熱 30 秒。
● 瓷器烤皿裡預先鋪上烘焙紙。
● 鍋子裡放入蒸盤及加水，預先加熱至蒸氣冒出。

How to make

**1** 將牛奶和細砂糖倒入鋼盆裡，待細砂糖溶解後加入植物油攪拌混合。

**2** 加入 A，攪拌至看不到粉狀物為止。

**3** 將一半的麵糊倒入瓷器烤皿裡，將一半的番薯丁鋪在上方，再倒入剩除的麵糊覆蓋，最後將剩餘的番薯及黑芝麻鋪在上方。

**4** 放入已預熱的鍋子內，將包著布巾的鍋蓋蓋上，以稍強的中火加熱 15 分鐘。

**5** 若要製作抹茶麵糊時，在 A 裡加入抹茶粉一起過篩，同 2 的步驟攪拌混合。

**6** 同 3 的步驟倒入麵糊、鋪上甜納豆，再倒入麵糊、再鋪上甜納豆。同 4 的步驟進行蒸煮。

Point
● 番薯預先加熱，吃起來口感才會香甜柔軟。

*donut*

# 圓滾滾甜甜圈

除了不用烤箱之外,連烘焙模具都不需要的超簡單小點心。
只要加入優格,即可完成外層酥脆、內部鬆軟的甜甜圈。

材料（直徑4cm的球型8～10個分量）

| | |
|---|---|
| 雞蛋 | 1 顆 |
| 細砂糖 | 50g |
| 原味優格 | 50g |
| A ┌ 低筋麵粉 | 150g |
| └ 泡打粉 | 5g |
| 炸油 | 適量 |
| 肉桂糖粉 | 適量 |

準備

● A 混合預先過篩。

● 炸油預熱至 160℃備用。

*How to make*

**1**

在鋼盆裡將雞蛋打散，加入細砂糖，用打蛋器攪拌混合。

**2**

在 1 裡加入優格，攪拌混合至滑順為止。

**3**

將過篩後的 A 加至 2 裡攪拌混合。

**4**

用打蛋器攪拌至看不到粉狀物、均勻混合為止。注意不要過度打發。

**5**

利用 2 支大湯匙將麵糊搓成圓球型，放入 160℃的油鍋中炸約 4 分鐘。

**6**

炸好的麵球放至網子上瀝油後，趁熱裹上肉桂糖粉。

*Point*

● 麵糊非常黏稠，用湯匙搓圓前，先將湯匙抹上一層油會更順手。

● 炸至外層呈現淺褐色即可。注意若炸的時間過長會變硬。

● 除了肉桂糖粉外，也可依自己喜好選擇黃豆粉或蔗糖等。

# Dutch baby
# 荷蘭寶貝鬆餅

家裡有鑄鐵鍋的話，一定會想嘗試的一道點心。露在鍋外的餅皮輕薄酥脆，
底部的餅皮則有著近似於可麗餅的口感。只要將材料混合烘烤後，
剩下就是享受妝點水果等喜愛配料的樂趣，不論是早餐、中餐還是下午茶都是最佳選擇。

材料（直徑15cm的鑄鐵鍋2個分量）

低筋麵粉 ················ 40g

A
雞蛋 ····················· 1 顆
牛奶 ····················· 40g
細砂糖 ·················· 10g
鹽 ························· 1 小撮
香草精 ·················· 2 滴

植物油（或奶油）········ 10g
奶油起司、水果、糖粉、
楓糖等 ··················· 適量

準備

● 雞蛋與牛奶預先恢復至常溫。
● 烤箱裡裝上烤盤，鑄鐵鍋置於
烤盤上，預熱至220℃備用。

## How to make

**1**

將過篩後的低筋麵粉倒入鋼盆內。

**2**

準備另一個鋼盆將材料 A 全部放入混合均勻。

**3**

一邊將 2 慢慢倒入 1 內，一邊用打蛋器攪拌。

**4**

攪拌至看不到粉狀物、混合均勻即可。

**5**

在預熱好的鑄鐵鍋裡淋上 5g 的植物油，並倒入一半的麵糊鋪滿。

**6**

送進預熱至 220℃ 的烤箱中，以200℃烘烤15分鐘，側邊與底部烤至呈金黃色即完成。再烤一片同樣的餅皮。

*Point*

● 鑄鐵鍋預先加熱的步驟很重要。
● 麵糊倒入鐵鍋後，可握住鍋柄轉動鍋子，使糊麵流動至鍋面的側邊（小心燙傷）。
● 將喜愛的奶油起司、檸檬、莓果類、糖粉等鋪於上方裝飾點綴，還可淋上楓糖，相當美味。

# 關於烘焙模具

這些都是我平時常用的點心模具。剛開始不用一次全部買齊，
請先從蛋糕紙模開始使用，之後再慢慢地尋找合適的模具即可。

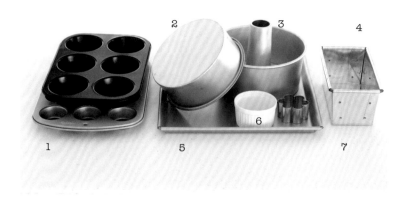

### 1. 馬芬烤模、
### 迷你馬芬烤模

鋪上裁切後的烤盤紙或杯子紙模後，倒入麵糊使用。直徑7cm的馬芬吃起來有嚼勁，直徑5cm的迷你馬芬則適合作為一口點心。

### 2. 圓型模具

最常使用的是12cm和15cm的尺寸。使用時須裁切烤盤紙鋪於底部及內側。12cm是2～3人份的尺寸，15cm是4～6人份的尺寸。我常用的是底部無法拆下的款式。

### 3. 戚風蛋糕模具

本書採用的是17cm的尺寸。戚風蛋糕的麵糊緊密貼合於模具內，烘烤時會往上膨脹，所以我大多選用不易使蛋糕脫落的鋁製材質。使用時模具不需塗抹油脂，直接將麵糊倒入即可，非常方便。

### 4. 磅蛋糕模具

本書採用的是16cm、18cm的尺寸。配合模具形狀裁切烤盤紙並剪開四角處後，鋪入模具內使用。使用法國MATFER公司製的模具所烤出來的蛋糕特別漂亮，深得我心。

----

#### 關於紙模

1～4的模具，也有很多紙製的紙模可代替使用。如果想要烘烤完直接作為禮物贈送他人時，可維持蛋糕形體方便攜帶出門。但是，紙模在烘烤期間水分容易流失，依食譜作法，做出來的成品可能會比金屬製模具缺乏濕潤度。

### 5. 蛋糕卷方型模

本書採用的是28cm的尺寸。將烤盤紙剪開四角後，鋪入方形模內，倒入麵糊進行烘烤。請選擇放得進家裡烤箱的尺寸大小。

### 6. 瓷器烤皿

本書採用的是7cm的尺寸。使用方式有像蒸麵包那樣先鋪入杯子紙模再倒入麵糊，也有像烤布蕾那樣直接倒入麵糊。可作為烘焙模具也可直接作為食用器皿，非常方便。

### 7. 餅乾切模

在切模的前端沾一些高筋麵粉，再壓製出來的形狀會較漂亮。我最愛用德國STADTER公司製的花形切模。如果沒有準備切模，利用刀子切割麵團烘烤也OK。

# Part 2
# 添加其他材料
# 製作的點心

  本篇除了基本材料外，多添加了無鹽奶油、巧克力、奶油起司等，製成許多口味豐富的點心。在製作的過程中，奶油相較於植物油要多花一些程序，但是唯有奶油才能產生醇厚口感及絕妙風味，請務必試著使用。使用奶油做出的蛋糕特別柔軟，但一經冷藏就會變硬，所以建議食用前請先恢復至常溫狀態再享用。

  像泡芙及巧克力蛋糕等，這些令人嚮往的點心，只要看著圖片照步驟的話，很容易就上手。本篇介紹的點心也很適合作為禮物贈送。

*Cookie*

# 模型餅乾

酥脆簡單的餅乾。酸中帶甜的檸檬糖衣為最佳裝飾。

麵團擀至扁平，經冷凍過後再用切模壓製出來的形狀會更漂亮。

| | | | |
|---|---|---|---|
| A | 低筋麵粉 | …………… | 90g |
| | 杏仁粉 | …………… | 10g |
| | 糖粉 | …………… | 25g |
| | 鹽 | …………… | 1 小撮 |
| | 無鹽奶油 | …………… | 50g |
| B | 雞蛋 | …………… | 10g |
| | 香草精 | …………… | 8 滴 |

檸檬糖衣製作用

糖粉 …………… 50g

檸檬汁 ……… 10ml

準備

● A 預先混合過篩。

● 將全部的材料預先冷藏冷卻。

● 烤箱預熱至 180℃ 備用。

## How to make

**1** 將混合過篩後的 A 倒入調理機內，加入奶油，開啟攪拌。

**2** 攪拌至奶油的顆粒消失為止，加入 B，再開啟攪拌直到麵粉呈鬆散狀為止。

**3** 取出置於平面上，用手輕輕捏壓之後，用保鮮膜包覆並放入冷藏，直到麵團軟化至便於擀平的狀態。

**4** 在麵團上下各鋪一層保鮮膜，擀平成約 3mm 厚，送入冷凍庫使之凝固。

**5** 利用喜愛的模具壓出模型。排放至鋪上烤盤紙的烤盤上，送進 180℃ 的烤箱烘烤 10 ～ 12 分鐘。

**6** 將檸檬汁倒入過篩後的糖粉裡攪拌混合，沾附於餅乾表面後等待乾固。

### Point

● 如果沒有調理機，可參考 P43，依序將奶油、糖粉、雞蛋、粉類進行混合做出麵團。

● 加入杏仁粉風味更佳，如果沒有的話，可用低筋麵粉取代。

● 如果麵團升溫口感會不好，所以製作時請加快動作。

● 使用量尺輔助的話，擀出來的厚度會更平均。

*Variation 1*

# 可可牛奶餅乾

將麵團揉成棍狀後冷凍，裹上細砂糖切成塊狀再烘烤的「冰箱餅乾」。
口感酥酥脆脆的餅乾，搭配香濃的核桃非常對味。

| 無鹽奶油 | …… | 60g | | 低筋麵粉 | ………… | 85g |
| 糖粉 | ……… | 25g | A | 可可粉 | ………… | 7g |
| 雞蛋 | ………… | 10g | | 鹽 | ………… | 1小撮 |
| 香草精 | ……… | 5滴 | | 核桃 | ………… | 10g |
| | | | | 細粒冰糖 | ……………… | 適量 |

- 核桃送入180℃的烤箱烘烤10分鐘，待冷卻後切成1cm的小碎丁備用。
- A預先混合過篩。
- 烤箱預熱至180℃備用。

## How to make

**1** 攪拌奶油直到軟化為止，糖粉分2次加入，同時用橡膠刮刀攪拌混合。

**2** 雞蛋分2次加入，同時用橡膠刮刀攪拌混合，再加入香草精攪拌混合。

**3** 加入A，用橡膠刮刀攪拌至看不到粉狀物為止。用保鮮膜包覆，放入冷藏1小時凝固。

**4** 取出置於平面上，輕輕揉壓直到整體軟化為止，再加入核桃小碎丁。

**5** 揉成棍狀，用保鮮膜包覆，送入冷凍庫1小時使之凝固。

**6** 裹上細粒冰糖，切成厚1cm的塊狀，排放至鋪上烤盤紙的烤盤上，送進180℃的烤箱烘烤12分鐘。

*Point*
- 使用糖粉的口感較細緻。如果想用細砂糖製作，請在步驟 **1**、**2** 中使用打蛋器攪拌混合。

*Variation 2*

# 起司餅乾

只要記住基本麵團的作法,就可結合其他材料進行變化,做出鹹餅乾。

烤得香噴噴的起司一吃就停不下來,當下酒的零嘴也很適合。

材料（5cm的三角形約20片分量）

無鹽奶油 ···················· 40g

A
┌ 低筋麵粉 ···················· 60g
│ 帕馬森起司 ·················· 20g
│ 細砂糖 ······················ 5g
│ 鹽 ·························· 1小撮
└ 粗粒黑胡椒 ·················· 適量
牛奶 ························· 10g

準備

● 低筋麵粉預先過篩。

● 烤箱預熱至180℃備用。

## How to make

**1**

將奶油放入鋼盆內，用橡膠刮刀攪拌直到軟化為止。

**2**

將A加入，用橡膠刮刀以切割的方式攪拌混合。

**3**

攪拌至呈碎屑狀後，加入牛奶，用橡膠刮刀以搗碎的方式攪拌。

**4**

將 3 集中成一團塊。

**5**
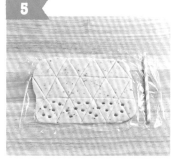
在麵團上下各鋪上一層保鮮膜，用擀麵棍擀成約3mm厚。用刀子切成邊長5cm的三角形，再用吸管壓出孔洞造型。

**6**

排放至鋪上烤盤紙的烤盤上，送進180℃的烤箱烘烤約10分鐘。

*Point*

● 在不同的氣溫下，加入的牛奶量也需要跟著改變，所以請視情況自行增減10g左右。

● 依不同的餅乾大小，烘烤時間也需要跟著改變。判斷標準為烘烤出漂亮的金黃色即可。

*Variation 3*

# 翻轉蘋果塔

試著做出以餅乾為基底的蘋果塔吧。

只要用平底鍋燉煮蘋果即可,非常簡單。緊密地填入馬芬烤模內,做出來的形狀才會漂亮。

可依個人喜好撒上肉桂粉搭配享用。

材料（直徑7cm的馬芬烤模4個分量）

蘋果（紅玉） ……………… 2顆（淨重370g）

細砂糖 ………………………… 60g

水 ……………………………… 15g

無鹽奶油 ……………………… 10g

香草莢 ………………………… 1支

模型餅乾（直徑7cm） ……… 4片

準備

● 蘋果帶些皮去芯後切成8等分。

● 香草莢預先縱向剝開取出種子。

● 烤盤紙邊緣不需剪開。直接鋪入烤模內。

● 同P41的模型餅乾作法，用直徑7cm的圓形模具烤好餅乾備用。

● 烤箱預熱至180℃備用。

## How to make

將細砂糖和10g的水倒入平底鍋加熱，待變色後關火，依序加入5g的水、奶油、香草莢、蘋果。小心材料從鍋內飛濺。

蓋上鍋蓋開中火加熱，偶爾翻面，約煮10分鐘直到蘋果軟化萎縮為止。

分四格填入烤模內，平底鍋的汁液也一併倒入。

送進180℃的烤箱烘烤15分鐘，待冷卻後鋪上餅乾。

模具倒蓋至網子上，上下來回晃動。

從模具倒出後，撕下烤盤紙。

*Point*

● 細砂糖及水在平底鍋加熱時，如果攪拌的話會使細砂糖結晶化，所以建議只要搖晃一下平底鍋即可。

● 可依個人喜好，撒上肉桂粉或開心果裝飾於頂部。

Variation 4

# 無需烤模的水果塔

不需使用塔模也能簡單製作的塔點心。

酥脆的麵團與滑潤的杏仁奶油，天衣無縫的完美搭配。

再鋪滿各種喜愛的水果，烘烤一下即完成。

無鹽奶油 …………………… 40g

糖粉 ………………………… 30g

雞蛋 ………………………… 35g

香草精 ……………………… 2 滴

杏仁粉 ……………………… 40g

P41 的餅乾麵團 ………… 2 倍量

喜愛的水果

（葡萄柚、藍莓、樹莓等）

………………… 每一種各 20g

● 杏仁粉預先過篩。

● 作好 P41 模型餅乾的麵團備用。

● 烤箱預熱至 180℃備用。

## How to make

**1** 奶油放入鋼盆裡，將糖粉分 3 次加入，並以橡膠刮刀翻攪。再換打蛋器攪拌，使麵糊裡充滿空氣。

**2** 雞蛋分 4 次加入，用打蛋器攪拌混合至完全融合為止。加入香草精混合。

**3** 加入杏仁粉，用橡膠刮刀攪拌混合。

**4** 壓製出直徑 10cm 的圓形餅乾麵皮，各鋪上 20g 的 3 。

**5** 將 4 的麵皮邊緣朝中心方向反覆內摺。

**6** 鋪上水果，送進 180℃的烤箱烘烤25 分鐘。

*Point*
● 餅乾麵皮如果升溫，奶油會融化而不好製作，所以如果麵團太軟，再放入冷藏冷卻一下。

# *pound cake*

# 原味磅蛋糕

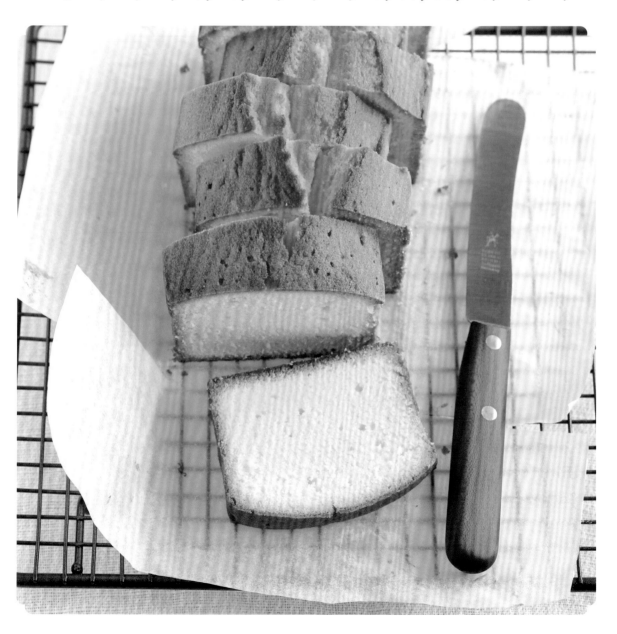

加入等分量（1磅）的奶油、砂糖、雞蛋、麵粉而得此名。
在此介紹將這些基本材料一一加入混合即可的簡單作法。
還可依喜好混入一些堅果或果乾搭配。

無鹽奶油 ………………………… 100g

細砂糖 …………………………… 100g

雞蛋 ……………………………… 2顆

低筋麵粉 ………………………… 100g

準備

● 低筋麵粉預先過篩。

● 雞蛋預先恢復至常溫狀態。

● 模具內預先鋪上烤盤紙。

● 烤箱預熱至180℃備用。

## How to make

用橡膠刮刀翻攪至奶油軟化為止，將細砂糖分4次加入，每次加入都以電動攪拌器攪拌混合。

攪拌至呈白色鬆軟狀為止，將打散的蛋液分8次加入，每次加入都以電動攪拌器攪拌混合。

仔細攪拌混合使麵糊鬆軟。

沾黏在鋼盆內側邊上的麵糊，用橡膠刮刀刮到中間後，將低筋麵粉分2次加入，每次加入都以橡膠刮刀從底部來回翻攪。

持續翻攪直到看不到粉狀物、麵糊呈現光澤為止。

倒入模具內，送進180℃的烤箱烘烤50～60分鐘。

*Point*

● 若沒有電動攪拌器，會花費較長的時間，請使用打蛋器充分攪拌直至呈現圖中的狀態。

● 烘烤完成後取出並置於網子上，以保鮮膜寬鬆包覆，只要在保持濕潤的狀態下放涼，即可完成溫潤的麵體。

# *Carrot cake*

# 紅蘿蔔蛋糕

此篇是介紹打發全蛋所製成的蛋糕。

很難想像有加入整根的紅蘿蔔，是一款濕潤而口感鬆軟的蛋糕。

想要凸顯肉桂的香氣，可以再搭配核桃和葡萄乾，風味絕佳。

材料（160×80×75mm的磅蛋糕模具）

| | | | |
|---|---|---|---|
| 雞蛋 | 1顆 | 低筋麵粉 | 85g |
| 蔗糖 | 45g | 杏仁粉 | 15g |
| 無鹽奶油 | 50g B | 泡打粉 | 2g |
| 紅蘿蔔 | 80g | 肉桂粉 | 1g |
| A 核桃 | 25g | 奶油起司 | 40g |
| 葡萄乾 | 25g C | 糖粉 | 5g |

準備

- 紅蘿蔔磨碎備用。
- 核桃以180℃的烤箱烘烤10分鐘，待冷卻後切成1cm的小碎丁備用。
- 葡萄乾以熱開水汆燙，倒入濾網瀝乾備用。
- 奶油預先隔水加熱至融化。
- 模具內預先鋪上烘焙紙。
- B預先混合過篩。
- 烤箱預熱至180℃備用。

*How to make*

**1**

在鋼盆裡將常溫的雞蛋打散，加入蔗糖，用電動攪拌器打發至呈黏稠狀為止。

**2**

將融化後的奶油一次加入，用橡膠刮刀從底部來回攪拌混合。

**3**

加入備好的A，攪拌至混合均勻為止。

**4**

將B分2次加入，每次加入都以橡膠刮刀從底部來回攪拌混合。

**5**

倒入模具內，送進180℃的烤箱烘烤40分鐘。

**6**

烘烤後放至網子上冷卻，待完全冷卻後，將攪拌混合後的C鋪在蛋糕上裝飾。

*Point*

- 雞蛋在冰涼狀態時不容易打發，所以可在步驟1時，將雞蛋拿至火爐上方稍微溫熱後再進行打發。

# Blueberry crumble cake

# 藍莓奶酥蛋糕

此篇是將蛋白打發製成的奶油蛋糕。

麵體裡混入水果等就非常好吃，但這次在頂部裝飾下了一些工夫。

加熱後的藍莓口感就像果醬，搭配奶酥風味絕佳。

奶油蛋糕麵糊

| | |
|---|---|
| 無鹽奶油 | 45g |
| 糖粉 | 30g |
| 蛋黃 | 1顆的量 |
| 杏仁粉 | 30g |
| 蛋白 | 1顆的量 |
| 細砂糖 | 30g |
| 低筋麵粉 | 40g |
| 香草精 | 3滴 |
| 藍莓 | 100g |

奶酥

| | | |
|---|---|---|
| 無鹽奶油 | | 15g |
| A | 低筋麵粉 | 15g |
| | 杏仁粉 | 12g |
| | 細砂糖 | 20g |

準備

● 粉類預先過篩。
● 模具內預先鋪上烘焙紙。
● 蛋白倒入鋼盆裡，預先放入冷藏。
● 烤箱預熱至180℃備用。

## How to make

**1**

製作奶酥。將過篩後的A倒入鋼盆裡，加入切碎的奶油，用手搓揉成粗粒狀。放入冷藏。

**2**

製作麵糊。將奶油攪拌至軟化為止，再將糖粉分3次加入混合，加入蛋黃，攪拌至混合均勻為止。

**3**

加入杏仁粉至 2 裡，攪拌至混合均勻為止。

**4**

於冷卻後的蛋白裡，將細砂糖分3次加入，用電動攪拌器打發製成蛋白霜。將蛋白霜分2次加至 3 裡，用橡膠刮刀從底部來回翻攪。

**5**

加入香草精，大致攪拌一下，將低筋麵粉分2次加入。用橡膠刮刀從底部來回翻攪，直到麵糊呈現光澤為止。

**6**

倒入模具內，將 1 的奶酥鋪放在上面，送進180℃的烤箱烘烤45分鐘。

*Point*
● 蛋白霜若太硬挺，會很難與麵糊融合，所以應避免過度打發。

# *Madeleine*

# 瑪德蓮蛋糕

瑪德蓮蛋糕也是只需將材料混合，製作上很簡單！
要烘烤出蓬鬆的口感，關鍵就是要讓麵糊醒麵後再進行烘烤。
只要能烤出鼓起的「肚臍狀」，即大成功！

材料（瑪德蓮蛋糕烤模8個分量）

雞蛋 ………………………… 1 顆

細砂糖 ……………………… 45g

A
低筋麵粉 …………………… 45g
杏仁粉 ……………………… 5g
泡打粉 ……………………… 2g

無鹽奶油 …………………… 50g

檸檬皮 ……………………… ½ 顆的量

（或香草精 2 滴）

準備

● 奶油預先加熱融化至溫暖狀態。

● 檸檬皮預先削成碎屑。

● 烤模內預先用毛刷塗上奶油。

● 烤箱預熱至 180℃備用。

## How to make

**1** 在鋼盆裡打散雞蛋並加入細砂糖，在鋼盆底部隔水加熱，攪拌至細砂糖融化為止。

**2** 加入混合過篩後的 A，用打蛋器以畫圓方式慢慢攪拌至無粉狀物為止。

**3** 將融化的奶油分 2 次加入，攪拌至混合均勻為止。

**4** 加入檸檬皮碎屑（或香草精）混合，靜置麵糊醒麵 2 小時。

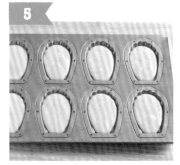

**5** 將麵糊倒入烤模內，送進 180℃的烤箱烘烤 15 分鐘。

**6** 烘烤完成後從烤模取出，用保鮮膜包覆，保持濕潤的同時等待冷卻。

### Point

預先將麵糊裝入擠花袋中靜置醒麵，之後會比較好擠。

*Cream puff*

# 奶油泡芙

泡芙是製作點心的一大難關。但是材料很簡單，沒有什麼特殊的材料。
只要按照圖片一步一步製作，一定可以成功做出蓬鬆的泡芙，
請一定要試著挑戰看看！

# 泡芙麵糊

🦋 材料（直徑6cm的泡芙12個分量）

A
| | | | |
|---|---|---|---|
| 牛奶 | 60g | 低筋麵粉 | 75g |
| 開水 | 60g | 雞蛋 | 2～3顆 |
| 無鹽奶油 | 50g | | |
| 鹽 | 1g | | |
| 細砂糖 | 2g | | |

🦋 準備

● 材料預先恢復至常溫狀態。

● 低筋麵粉預先過篩。

● 烤箱架上烤盤，預熱至200℃備用。

*How to make*

**1**

將 A 倒入鍋內開火至沸騰。

**2**

關火，將低筋麵粉一次加入，用木鏟攪拌至看不到粉狀物為止。

**3**

再次以中火加熱，一邊加熱一邊用木鏟從鍋底壓揉麵糊，直到鍋底形成一層薄膜、麵糊結成一團且微微膨脹為止，約需花費30秒～1分鐘左右。

**4**

將麵糊移至鋼盆內，雞蛋分3、4次加入，用木鏟攪拌混合均勻。直到用木鏟盛起麵糊時，呈倒三角形垂吊狀即可。

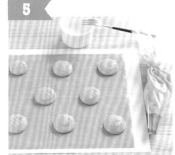

**5**

將麵糊裝入套好花嘴（11號）的擠花袋裡，在烤盤紙上擠出直徑5cm隆起的圓形麵團。用手指沾開水整平麵團。用叉子沾開水，壓出格狀刻痕。噴霧器裝入開水大量噴撒於麵團上。

**6**

排放至已預熱的烤盤上，送進200℃的烤箱烘烤15分鐘後，再轉為180℃烘烤20分鐘。

*Point*

● 在步驟 4 裡，須依加熱情況決定加入多少雞蛋，請視情況自行調整。麵團若冷掉會變硬，也會抓不準泡芙的軟硬程度，所以請加快作業速度。

● 製作泡芙時，速度就是成功關鍵。趁溫熱時擠出的麵糊是最美味的。

# 卡士達奶油

又被稱作「Crème pâtissière（甜點師奶醬）」的卡士達奶油，作為基本的奶油醬，
很適合拿來搭配各種點心。再依個人喜好添加一些鮮奶油，味道更為香醇濃厚。

### 材料（方便製作的分量）

| | | | |
|---|---|---|---|
| 蛋黃 | 3 顆 | 牛奶 | 250g |
| 細砂糖 | 45g | 香草莢 | ½ 支 |
| 低筋麵粉 | 18g | 無鹽奶油 | 15g |

### 準備

● 低筋麵粉預先過篩。

## How to make

**1** 在鋼盆內將蛋黃打散並加入細砂糖，用打蛋器充分攪拌混合至發白為止。加入低筋麵粉，攪拌混合至看不到粉狀物為止。

**2** 縱向剖開香草莢取出種籽，將香草莢和牛奶一起放入鍋內並加熱。

**3** 牛奶煮沸後，慢慢地倒入 1 內攪拌混合。

**4** 用濾網將 3 過篩倒回鍋內。

**5** 用打蛋器一邊攪拌混合一邊開中火加熱。待沸騰冒泡後再加熱 1 分鐘左右，直到濃厚的乳脂變得黏稠細緻後即可。

**6** 關火後加入奶油，慢慢地攪拌混合，再倒入乾淨的深方盤內，表面鋪上一層保鮮膜，再放上保冷劑急速冷卻。

## Point

冷卻後放入鋼盆內，用木鏟翻攪。可依個人喜好加入 50g 的鮮奶油及 5g 的細砂糖混合打發。

● 裝入套好花嘴（11 號）的擠花袋裡，每一個泡芙約擠入 35g。

## *Variation*

# 巧克力奶油泡芙

在基本的卡士達奶油裡加入巧克力，
立刻變成不同口味的泡芙。
情人節超推薦之點心。

**1**

同 P60 的作法製成卡士達奶油，
在最後步驟中要加入的奶油，在
這裡以巧克力代替加入。

**2**

用打蛋器攪拌混合使巧克力溶解，
同 P60 的作法進行冷卻。

**3**

移至鋼盆內用木鏟翻攪，裝入套
好花嘴的擠花袋裡。在烤好的泡
芙的底部用筷子等戳出一個洞，
擠入巧克力奶油。

🧈 材料（直徑6cm的泡芙12個分量）

P59 的泡芙 ························ 12 個
P60 的卡士達奶油材料
（奶油除外） ················· 全量
巧克力 ·························· 50g
裝飾用材料
　沾附用巧克力 ·············· 適量
　開心果 ······················ 適量
　杏仁角 ······················ 適量
　覆盆子果乾（冷凍乾燥）···· 適量

**4**

將沾附用巧克力溶解後沾附於泡
芙上方，再撒上開心果等材料裝
飾。

*Gateau chocolat*

# 巧克力蛋糕

使用大量巧克力及鮮奶油製成的點心。

不會太過厚重、也不會太過鬆軟的麵體，濃醇滑順地溶於口中。

|   |   |   |   |   |   |
|---|---|---|---|---|---|
| A | 巧克力 | 65g | C | 低筋麵粉 | 10g |
|   | 無鹽奶油 | 35g |   | 可可粉 | 25g |
|   | 鮮奶油 | 20g | D | 蛋白 | 1 顆的量 |
|   | 白蘭地 | 7g |   | 細砂糖 | 40g |
| B | 蛋黃 | 1 顆的量 |   |   |   |
|   | 細砂糖 | 30g |   |   |   |

**準備**

● C 預先混合過篩。

● 蛋白倒入鋼盆內預先放入冷藏冷卻。

● 烤箱預熱至 170℃備用。

## How to make

**1** 將 A 倒入鋼盆內，隔水加熱並攪拌使之融解。

**2** 在另一個鋼盆內將 B 的蛋黃打散，加入細砂糖，用電動攪拌器打發至綿密後，倒入 1 內一起混合。

**3** 過篩後的 C 加至 2 裡，用橡膠刮刀從底部來回翻攪混合。

**4** 將細砂糖分 4 次加至 D 的蛋白裡，同時用電動攪拌器打發。

**5** 將 4 分 2 次加至 3 裡，用橡膠刮刀從底部來回翻攪混合。

**6** 倒入鋪上烘培紙的烤模內，送進 170℃的烤箱烘烤 25 分鐘。

*Point*

● 放涼後從烤模取出，用保鮮膜寬鬆包覆，冷卻時就可以使蛋糕體保持濕潤。待完全冷卻後，可依個人喜好，利用濾茶器撒上糖粉、添加水果擺盤裝飾後即完成。

*Fondant chocolat*

# 熔岩巧克力蛋糕

熱熱地吃,如熔岩般的甘納許緩緩流出。
因為有添加少許的肉桂,多了一種成熟的風味。
可依個人喜好搭配香草冰淇淋或水果一起享用。

材料（直徑7cm的瓷器烤皿 5個分量）

甘納許

| | |
|---|---|
| 巧克力 | 25g |
| 鮮奶油 | 25g |

麵糊

| | | |
|---|---|---|
| A | 巧克力 | 80g |
| | 無鹽奶油 | 40g |
| B | 雞蛋 | 2 顆 |
| | 細砂糖 | 40g |
| C | 低筋麵粉 | 25g |
| | 可可粉 | 4g |
| | 肉桂粉 | 0.5g |

準備

● C 預先混合過篩。
● 雞蛋恢復至常溫。
● 於瓷器烤皿內部塗上一層薄薄的奶油（若是採用馬芬蛋糕紙模則省略）。
● 烤箱預熱至170℃備用。

## How to make

**1**

製作甘納許，在隔水加熱融化後的巧克力裡，慢慢加入鮮奶油攪拌混合，待冷卻後做成棍狀並以保鮮膜包覆，再送入冷凍庫凝固。

**2**

製作麵糊，將 A 倒入鋼盆內，隔水加熱融化並攪拌混合。

**3**

將 B 倒入另一個鋼盆內，用電動攪拌器打發至呈稠狀為止。

**4**

將 3 倒入 2 內，用打蛋器攪拌至混合均勻為止。

**5**

將過篩後的 C 倒入 4 內，用橡膠刮刀從底部來回翻攪。

**6**

將一半的麵糊倒入瓷器烤皿內，將 1 的甘納許切段後加入，再將剩餘的麵糊倒入。送進170℃的烤箱烘烤13～15分鐘。

### Point

● 冷凍後的甘納許會變成像生巧克力般的口感，相當好吃。如果要再次加熱融化，請送進微波爐以600W 加熱約5～10秒。

*Cheesecake*

# 起司蛋糕

加入蛋白霜再隔水蒸煮的舒芙蕾類型蛋糕，

不會過於鬆散，吃起來口感濕潤。

建議放入冷藏靜置一晚，隔天蒸好再食用。

材料（直徑15cm的圓型模具）

| | | | |
|---|---|---|---|
| 奶油起司 | ………… 150g | 檸檬汁 | ………… 10g |
| 蛋黃 | ………… 2顆的量 | 蛋白 | ………… 2顆的量 |
| 低筋麵粉 | ………… 20g | 細砂糖 | ………… 50g |
| A 牛奶 | ………… 55g | 杏桃果醬 | ………… 15g |
| 無鹽奶油 | ………… 30g | | |

準備
- 低筋麵粉預先過篩。
- A 預先混合後隔水加熱。
- 蛋白倒入鋼盆內，預先放入冷藏冷卻。
- 模具內預先鋪上烤盤紙。
- 烤箱預熱至 150℃備用。

*How to make*

**1**

奶油起司攪拌至軟化後，將蛋黃分次加入，攪拌至滑順為止。

**2**

加入過篩後的低筋麵粉，攪拌至看不到粉狀物後，倒入加熱後的 A 攪拌混合。再加入檸檬汁混合。

**3**

將細砂糖分 4 次加至蛋白裡，同時用電動攪拌器打發，製成鬆軟的蛋白霜。

**4**

將 **3** 的蛋白霜分 2 次加至 **2** 裡，用橡膠刮刀從底部來回翻攪。

**5**

倒入模具內，在烤盤內倒入約 1cm 高的熱開水，送進 150℃的烤箱烘烤 35 分鐘。

**6**

放涼後從模具取出，放入冷藏冷卻。在表面塗上杏桃果醬。

*Point*
- 預先在模具內鋪上十字狀的烤盤紙，蛋糕會比較好取出。
- 可依個人喜好加入打發後的鮮奶油或水果。

*Sweet potato*

# 蜜番薯

只要準備好無鹽奶油及香草精，其他所需的材料少，作法也很簡單。
不需烤箱就能完成，十分輕鬆。口感濕潤滑順的秋季甜點。

| | |
|---|---|
| 番薯 ························· | 200g |
| 無鹽奶油 ················· | 20g |
| 香草精 ····················· | 3 滴 |
| 煉乳 ························· | 10g 左右 |
| 打散的蛋液 ················ | 適量 |

準備

● 鋁箔紙預先塗上一層薄薄的油。

## How to make

**1** 番薯去皮，切成適量的大小蒸至軟化為止。

**2** 將全部的材料倒入調理機內，開啟攪拌直到滑順為止。

**3** 手沾開水後直接拿取番薯泥，捏成想要的形狀。用毛刷沾蛋液塗抹於番薯表面。

**4** 用烤麵包機或烤肉爐燒烤至表面微焦即可。

**2'** 步驟 2 時，如果沒有調理機，可用搗碎器將番薯搗碎。

**2"** 加入其他的材料，用橡膠刮刀翻攪直到番薯泥呈滑順為止。之後的步驟都相同。

## Point

● 每顆番薯的甜度、水分不盡相同，請自行添加煉乳調整甜度及滑順度。

可將融化的巧克力裝入細花嘴的擠花袋裡，畫上一些表情線條裝飾。

# 常用的材料

將常用的或是特別喜歡的材料，以完整包裝的形式分別介紹。

並不是一定非要這些材料不可，如果真的難以取得，也可用其他材料代替。

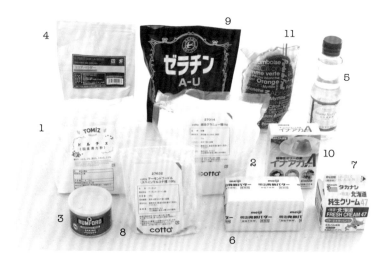

## 1. 低筋麵粉 （江別製粉 Dolce）

帶有小麥香氣的風味，非常吸引人。

## 2. 細砂糖 （點心專用的極細砂糖）

好用的地方在於顆粒極細緻，易於與其他材料混合。

## 3. 泡打粉 （Rumford）

選用不含鋁的產品。

## 4. 可可粉 （1le Plou）

挑選無添加砂糖或乳製品的可可粉。著重其濃郁的香氣與粉粒的細緻度。

## 5. 太白胡麻油 （竹本油脂）

在 Part1 的食譜裡常使用到的植物油就是此油。未經煎焙，以傳統低溫榨取的太白胡麻油，不含添加物，比起一般沙拉油的風味更勝一籌。

## 6. 奶油 （明治 發酵奶油 無添加食鹽）

偏好使用這款香氣、味道都很到位的發酵奶油。

## 7. 鮮奶油 （高梨乳業）

雖然奶味濃郁，但相當順口。偏好使用乳脂含量 35% 及 47% 的產品。常用於與材料調合。

## 8. 杏仁粉 （西班牙產 marcona 種）

味道非常濃郁，加至麵糊裡烘培出來的成品，香氣四溢。

## 9. 吉利丁 （吉利丁粉 A-U）

一直都習慣用這個品牌，粉質透明且口感佳。

## 10. 洋菜粉 （伊那洋菜粉-A）

小包分裝所以少量使用時很方便。

## 11. 果泥 （La Fruitiere）

無論哪種口味都很新鮮味道又濃厚。原本就有添加糖分，所以用在製作點心時，不需要另外再添加砂糖。

---

這些商品購於超市或下記的點心材料行。

● cotta（コッタ） URL http://www.cotta.jp/ ☎0120- 987- 224
● TOMIZ（富澤商店） URL http://www.tomiz.com/

# Part 3

# 冷製點心

想要享用一些涼爽的點心時，不妨自己嘗試一下手作冷製點心吧。

像是具代表性的布丁、Q 彈的果凍、在嘴裡化開的滑順冰淇淋等，只要知道不同的凝固方法，要做出這些點心並不困難。因為連烤箱都不需要，所以門檻比烘焙點心還要低。此篇會從以最基本的材料做出的點心開始介紹。

預先做好放入冷藏，食用時以當季水果裝飾擺盤，或搭配 Part1 的海綿蛋糕一起享用，很適合用來招待客人的華麗甜點。

*Custard pudding*

# 卡士達布丁

雞蛋、砂糖、牛奶，只要這三種簡單的材料就可做出布丁！
也正因為如此才能稱之為「隨時隨地都能做」的終極點心。
再搭配香草莢或焦糖，讓美味更上一層樓。

| | | 焦糖 | |
|---|---|---|---|
| 雞蛋 | 2顆 | | |
| 細砂糖 | 40g | 細砂糖 | 40g |
| 牛奶 | 200g | 開水 | 10g |
| 香草莢 | ⅓支 | 熱開水 | 10g |

準備

● 將蒸鍋預先倒入熱開水，並放好鍋架。

## How to make

**1** 將製作焦糖用的細砂糖及開水倒入小鍋內並加熱。直到呈焦糖色後關火，倒入熱開水（小心噴濺）。將製好的焦糖倒入布丁模具內。

**2** 在鋼盆內將雞蛋打散，加入細砂糖輕輕地攪拌。

**3** 將牛奶和縱向剝開的香草莢加熱至快要沸騰即關火。倒入 **2** 內，充分攪拌直到細砂糖完全溶解為止。

**4** 將 **3** 過篩 2 次。

**5** 倒入 **1** 的布丁模具內，用鋁箔紙蓋住包覆。

**6** 將 **5** 排放至裝有熱開水及鍋架的鍋子裡。擺好位置後蓋上鍋蓋，以小火加熱 10 分鐘，直到鍋子中心開始冒泡沸騰即可。靜置冷卻至可用手直接從鍋內取出，再放到完全冷卻後，放入冰箱冷藏。

### Point

● 在製作焦糖時，之後要倒入的水分如果是冷的，會使焦糖凝固，所以一定要用熱開水。

● 盛盤時可依個人喜好，搭配打發的鮮奶油或水果一起享用。

*Variation*

# 格雷伯爵茶風味的烤布蕾

在布丁的材料裡加入一些鮮奶油增加變化，立即化身成風味醇厚的烤布蕾。
而且只需用平底鍋蒸煮一下即可，非常簡單。加入格雷伯爵茶的茶葉帶出高貴的芳香。

| 蛋黃 | ·········· | 2 顆 |
| 細砂糖 | ·········· | 20g |
| 鮮奶油 | ·········· | 100g |
| 牛奶 | ·········· | 100g |
| 紅茶的茶葉（格雷伯爵茶） | ··· | 5g |
| 細砂糖 | ·········· | 適量 |

*How to make*

將蛋黃及細砂糖倒入鋼盆內，用打蛋器攪拌至發白為止。

在小鍋裡倒入鮮奶油、牛奶、茶葉，開火加熱直到快要沸騰前再關火。過濾後的重量須達170g，不夠的話再加入分量外的牛奶補足。

將 2 邊加入 1，邊用打蛋器攪拌。

過濾後倒入瓷器烤皿內，用鋁箔紙包覆蓋住。在平底鍋裡倒入深約 2cm 的熱開水，將瓷器烤皿排放進去。挪好位置後蓋上鍋蓋，以小火加熱 10 分鐘。

加熱至表面結膜、搖動時會微微晃動即可。放涼後放入冷藏冷卻。

在表面淋上細砂糖，用烘培專用的瓦斯噴槍燒烤表面至微焦即完成。

*Point*
● 表面烤得焦脆的糖衣，過一段時間就會融化，所以要吃之前再用噴槍燒烤會比較好。

# *Panna cotta*

# 義式奶酪

只需將材料混合再冷卻即可，作法非常簡單的點心。

可調整吉利丁的量以控制凝固的程度，

製作出咕溜滑嫩口感的義式奶凍。

材料（直徑4cm的玻璃杯 6個分量）

|   | | |
|---|---|---|
| A | 牛奶 …………………… | 250g |
| | 香草莢 ………………… | ½ 支 |
| | 細砂糖 ………………… | 40g |
| | 吉利丁粉 ……………… | 6g |
| | 開水 …………………… | 30g |
| | 鮮奶油 ………………… | 200g |

準備

● 香草莢預先縱向剝開。

## How to make

**1** 將吉利丁粉泡入開水中，放入冷藏 10 分鐘泡開。

**2** 將 A 全部倒入小鍋內，加熱至快要沸騰即可。

**3** 將 2 的小鍋從火爐取下，將 1 倒入，攪拌至吉利丁溶解為止。

**4** 將 3 過篩倒入鋼盆內。

**5** 將 4 的鋼盆隔冰水降溫放涼後，加入鮮奶油攪拌混合。

**6** 放涼呈稠狀後倒入玻璃杯內，放入冷藏冷卻 5 小時以上凝固。

### Point

● 呈稠狀後才倒入玻璃杯內，是為了不讓香草莢沉澱在底部。

● 享用前可依個人喜好將切塊芒果及芒果醬淋在上面。

*Variation 1*

# 抹 茶 奶 凍

抹茶的高雅香氣加上 Q 彈滑嫩的口感，
令人無法抗拒的奶凍。
可從模具取出，也可直接倒入玻璃瓶內凝固後享用。
也可依個人喜好淋上黑糖漿，更加美味。

🌿 材料（直徑6cm的芭芭露亞模具 2 個分量）

| | | | |
|---|---|---|---|
| 牛奶 | 100g | 吉利丁粉 | 3g |
| 抹茶 | 2g | 開水 | 15g |
| 細砂糖 | 20g | 鮮奶油 | 50g |

🌿 準備

● 吉利丁粉泡入開水中，預先放入冷藏 10 分鐘泡開。

*Point*

● 將細砂糖和抹茶攪拌混合後，再慢慢地加入牛奶混合，
　以防抹茶結塊。
● 依個人喜好，可加入打發的鮮奶油、煮熟的紅豆、
　栗子、淋上黑糖漿等裝飾。

*How to make*

**1**

在鋼盆內將細砂糖和抹茶攪拌混
合後，再慢慢地加入牛奶。

**2**

移入小鍋內並加入泡開的吉利丁，
置於火爐加熱直到吉利丁融解為
止。

**3**

將 2 過篩倒入鋼盆內，鋼盆隔冰
水降溫，並加入鮮奶油。

**4**

攪拌混合均勻後倒入模具內，放入
冷藏冷卻 2 小時以上凝固。食用時
將模具底部沖熱水 1 秒，倒蓋至盤
子上。

# 芒果布丁

雖然叫作布丁，
但芒果布丁的作法和抹茶奶凍是一樣的。
直接食用就很好吃了，
若再淋上一些椰奶，更具熱帶風味。

🌿 材料（直徑6cm的玻璃瓶 2個分量）

| | | | |
|---|---|---|---|
| 牛奶 | ………… 50g | 芒果果泥 | ….. 100g |
| 吉利丁粉 | ….. 3g | 鮮奶油 | …….. 50g |
| 開水 | ………… 15g | | |

🌿 準備
● 吉利丁粉泡入開水中，預先放入冷藏 10 分鐘泡開。

*Point*
● 為了使每次製作的味道都一致，選用冷凍果泥（含糖）。
　如果是選用無糖的商品，請和牛奶混合後，再加入適量的
　細砂糖調整甜度。
● 依個人喜好，可再淋上椰奶或芒果裝飾。

*How to make*

同 P77 奶酪的步驟 1～4 製作，
在加熱後的牛奶裡，加入泡開的
吉利丁攪拌至溶解後，以濾網過
篩。※ 不需加入香草莢。

將 1 的鋼盆隔冰水降溫，並加入
芒果果泥攪拌混合。

在 2 裡加入鮮奶油，攪拌至混合
均勻為止。

倒入容器內，放入冷藏冷卻 2 小時
以上凝固。

*Variation 3*

# 柳橙果凍

水果類的果凍，只需將吉利丁加至果汁裡凝固即完成，

所需材料少，作法相當簡單。此篇食譜只用到柳橙汁，口感非常清爽的一道點心。

將柳橙的果肉挖空，就可變成點心的容器，很適合拿來招待客人。

材料（直徑7cm的柳橙 3顆分量）　準備

| | | |
|---|---|---|
| 柳橙 | …………… | 3 顆 |
| 柳橙汁 | …………… | 150g |
| 吉利丁粉 | ………… | 5g |
| 開水 | ……………… | 25g |

● 吉利丁粉泡入開水中，預先放入冷藏 10 分鐘泡開。

## How to make

**1** 將柳橙頂部的 ¼ 處切開，用湯匙將果肉挖出。將柳橙皮作為點心容器。

**2** 挖出的果肉置於濾網內用湯匙壓榨，盡可能榨出 200g 的果汁。如果不夠，請另外準備分量外的柳橙汁補足。

**3** 將 2 榨出的果汁移至小鍋內，加入柳橙汁開火加熱直到快沸騰前為止，接著加入泡開的吉利丁。

**4** 充分攪拌混合使吉利丁溶解後，以濾網過篩。

**5** 鋼盆隔冰水放涼。

**6** 倒入步驟 1 的柳橙皮容器內，送入冷藏冷卻 4 ～ 6 小時凝固。

### Point

● 事先將柳橙皮容器的底部，削掉一層薄薄的皮，放置在桌上時會更加穩固。
● 以此食譜材料的分量製作，吃起來的口感是 Q 彈滑嫩的。如果喜歡口感硬一些的話，請將吉利丁改成 7g+開水 35g。
● 依個人喜好，可加入薄荷等香草裝飾。

*Variation 4*

# 牛奶布丁

吉利丁經常作為果凍或慕斯的凝固劑使用，如果想要口感更加滑順一些，
推薦可以使用洋菜粉。常溫下就能夠凝固所以製作上方便快速，很適合在炎炎夏日出場。
Q 彈滑嫩中帶有奶味的布丁，還可搭配季節性水果一起享用。

材料（50ml的花形模具6個分量）

| | |
|---|---|
| 牛奶 | 200g |
| 細砂糖 | 30g |
| 洋菜粉 | 6g |
| 鮮奶油 | 100g |
| 水蜜桃、水蜜桃汁 | 各適量 |

## How to make

將細砂糖及洋菜粉充分攪拌混合。

將牛奶倒入小鍋內，並加入1攪拌混合。

用打蛋器一邊攪拌混合，同時開小火一邊加熱，待沸騰後再煮約1分鐘，直到完全融解後，以濾網過篩。

將3的鋼盆隔冰水降溫，同時倒入鮮奶油攪拌混合。

攪拌至呈稠狀後，倒入模具內，放入冷藏冷卻30分鐘～1小時凝固。

將模具泡入熱水盆裡約3秒，推壓模具與牛奶布丁的交界處後，倒蓋至盤子上。可以搭配水蜜桃及水蜜桃汁盛盤一起享用。

*Point*

● 洋菜粉如果單獨使用會很容易結塊，所以和細砂糖混合使用。冷卻後會開始凝固成稠狀，所以製作時要加快速度。

● 可依個人喜好，搭配當季水果及水果果汁一起享用。

# Chocolate mousse
# 巧克力慕斯

說到手作冷製點心的話，一定要試試口感綿密、入口即化的慕斯系列。
此篇完全呈現巧克力的美味，
準備好自己愛吃的巧克力，試著動手製作吧。

材料（直徑5cm的玻璃杯4個分量）

牛奶 ...................... 100g

吉利丁粉 .................. 2g

開水 ...................... 10g

巧克力 .................... 50g

櫻桃酒 .................... 3g

鮮奶油 .................... 100g

準備

● 吉利丁粉泡入開水中，預先放入冷藏10分鐘泡開。

● 巧克力預先隔水加熱融化。

## How to make

小鍋裡倒入牛奶及泡開的吉利丁，加熱直到吉利丁融解為止。

將1加至已融解的巧克力中，攪拌至混合均勻為止。

鋼盆隔冰水降溫，並加入櫻桃酒。

準備另一個鋼盆，將鮮奶油打發至八分程度。

將4的鮮奶油分2次加至3裡並攪拌混合。

攪拌混合均勻後，倒入玻璃杯中，放入冷藏冷卻2小時以上凝固。

*Point*

● 打發鮮奶油時，鋼盆隔冰水降溫，打發出來的鮮奶油會更漂亮。

● 可依個人喜好，添加打發的鮮奶油或可可粉裝飾。

*Variation*

# 草莓慕斯蛋糕

只要知道慕斯的作法，再結合海綿蛋糕就完成囉。

此篇慕斯是採用酸酸甜甜的草莓口味。製作蛋糕時利用慕斯圍邊紙輔助會更加順手。

材料（直徑6cm的圓型切模6個分量）

材料（直徑6cm的圓型切模6個分量）

A ┌ 草莓果泥 ························· 150g
  └ 檸檬汁 ··························· 10g
  吉利丁粉 ························· 5g
  開水 ····························· 25g
  櫻桃酒 ··························· 5g
  鮮奶油 ··························· 100g
  海綿蛋糕（直徑15cm） ··· 1個模具的量

準備

● 預先烘烤出直徑15cm的圓型蛋糕。
  （參照P21，一般海綿蛋糕的2倍量）
● 吉利丁泡入開水中，預先放入冷藏10
  分鐘泡開。
● 預先將慕斯圍邊紙捲繞，做出直徑6cm
  的圓形切模。

*How to make*

橫切出厚1cm的海綿蛋糕，利用切模壓製出直徑6cm的圓片。接著再壓製出要鋪在中間夾層的直徑4cm圓片。

將A預先混合，恢復至常溫狀態。

將泡開的吉利丁隔水加熱至40℃充分融解後，加至2裡攪拌混合。再加入櫻桃酒混合。

另外準備一個鋼盆，將鮮奶油打發至八分程度。

將4的鮮奶油分2次加至3裡，攪拌至混合均勻為止。

將6cm的圓片、慕斯、4cm的圓片、慕斯，依序放至慕斯圍邊紙裡。放入冷藏冷卻2小時以上凝固。

*Point*

● 為使每次做出來的味道一致，選用冷凍果泥（含糖）。直接將草莓用攪拌器打成果泥，再適量加入一些砂糖也OK。
● 可依個人喜好，在頂部鋪上草莓或草莓果泥、水果等裝飾。

# *Royal milk tea ice cream*

# 皇家奶茶冰淇淋

應該很多人有這種感覺 —— 冰淇淋在結凍途中還要攪拌混合非常麻煩。
此篇食譜不需要攪拌混合的步驟，藉由添加一些玉米粉，
使冰淇淋的口感更加滑順。要變化成咖啡口味也 OK。

材料（直徑6cm的冰淇淋勺4球分量）

| | |
|---|---|
| 紅茶的茶葉 ············· | 5g |
| 開水 ···················· | 50g |
| 牛奶 ···················· | 120g |
| 玉米粉 ················· | 7g |
| 細砂糖 ················· | 50g |
| 鮮奶油 ················· | 100g |

準備
● 玉米粉預先過篩。

## How to make

**1** 將紅茶的茶葉和開水倒入鍋內加熱，沸騰後加入牛奶。再沸騰後關火，蓋上鍋蓋燜5分鐘。

**2** 將 1 過篩倒入小鍋內。

**3** 將玉米粉及細砂糖加至 2 裡。開小火邊加熱邊攪拌混合，直到呈稠狀為止。

**4** 鮮奶油打發至八分程度。

**5** 待 3 放涼冷卻後，加入 4 攪拌混合。

**6** 攪拌混合均勻後，倒入容器內，送入冷凍庫冷凍一晚。

### Point

● 鮮奶油要加入混合時，如果材料是溫熱的，鮮奶油會融解，所以請注意要充分放涼冷卻。

● 可依個人喜好，搭配全麥餅乾等一起享用。

# *Mango ice cream*

# 芒果冰淇淋

添加水果製作而成，但不是雪酪是冰淇淋。
在此篇食譜裡，雖然有個每隔 1 小時就攪拌一次的麻煩步驟，
但這樣做出來冰淇淋才會入口即化。
冰淇淋裡添加麥芽糖，口感會更加滑順。

材料（直徑6cm的冰淇淋勺4球分量）

|   | | |
|---|---|---|
| A | 芒果果泥 | 100g |
|   | 麥芽糖 | 60g |
|   | 檸檬汁 | 5g |
|   | 白色蘭姆酒 | 3g |
|   | 鮮奶油 | 100g |

*How to make*

**1** 將 A 倒入鋼盆內攪拌混合。如果麥芽糖不好溶解，將鋼盆底部拿到火爐上面烤一下加熱促使融解。

**2** 將鮮奶油打發至八分程度。

**3** 將 2 分 2 次加至 1 裡，用打蛋器攪拌混合。

**4** 攪拌混合均勻即可。

**5** 倒入容器裡，送進冷凍庫冷凍 4 小時凝固。每隔 1 小時用叉子攪拌混合。

**6** 充分冷凍凝固後即完成。如果冷凍後太硬不好挖取時，請置於室溫下 10 分鐘左右再挖取。

*Point*

● 如果沒有白色蘭姆酒，可省略之。
● 將芒果果泥和白色蘭姆酒替換成草莓果泥及櫻桃酒的話，就變身為草莓冰淇淋。
● 可依個人喜好，將冰淇淋填入甜筒裡，並於甜筒邊上塗抹白巧克力及開心果碎粒裝飾享用。

## Banana and raspberry ice cake

# 香蕉樹莓冰淇淋蛋糕

只要將材料混合後送入冷凍凝固就能完成的冰淇淋蛋糕，超乎想像的簡單。

口味是以優格為基底，所以吃起來很清爽。

切開時，剖面露出藍莓餡料的顏色相當討喜，很適合拿來招待客人的一道點心。

材料（直徑12cm的圓型模具1個分量）

海綿蛋糕（厚1cm） ················ 2 片

A ┌ 冷凍香蕉 ················ 100g
  │ 冷凍樹莓 ················ 50g
  │ 煉乳 ················ 50g
  │ 原味優格 ················ 100g
  └ 鮮奶油 ················ 100g

冷凍樹莓、草莓、藍莓 ············ 150g

準備

● 香蕉切成約2cm厚的塊狀後放入冷凍備用。
● 預先將樹莓或其他的水果送入冷凍。

## How to make

同 P21 的作法烘烤出海綿蛋糕，橫切出厚 1cm、直徑 12cm 及 10cm 的蛋糕各一片。

將 A 全部倒入食物調理機裡，開啟攪拌直到均勻滑順為止。

將⅓的 2 倒入鋪上烘焙紙的模具內，放入 50g 的水果。

倒入一些 2，鋪上 10cm 的海綿蛋糕。

再倒入一些 2，再放入 50g 的水果，最後將剩下的 2 全部倒入。

將 12cm 的海綿蛋糕鋪在最上方，送入冷凍庫冷凍 4 小時以上凝固。凝固後將模具倒蓋至盤子上，將剩餘的水果鋪在頂部裝飾。

Point

● 不同的冷凍庫，冷凍凝固所需花費的時間會有所不同，請視狀況自行調整冷凍的時間。

# 結語

正式開始製作點心至今已經過了 10 年。在多方嘗試的過程中，好不容易完成了這本以追求自我美味、輕鬆製作為主旨的食譜。

貪心的我，總是以製作各種不同風味的點心為樂，但我又意識到，本書的作用應該是要讓初學者也能易於製作，因此食譜內容多為原味的作法，而在變化食譜的部分也是盡量使用在超市就能購得的食材為主。

曾經是上班族的我，常常利用假日時間製作點心來舒緩工作壓力，也很喜歡在下午茶時間與同事們分享自己製作的點心，點心還真是幫了我不少忙。今後，我想持續將點心的魅力傳播出去。

如果有更多人能因此感受到製作點心的樂趣，並覺得有點心相伴的時光好快樂，我想沒有什麼比這更令人開心的了。

對於買了這本書的人、一直在追蹤我 BLOG 及社群網站的讀者們、和在點心教室上課的學生們、還有跟我說「照著食譜做出來很好吃」的朋友們，真的非常感謝大家對我的支持。

透過點心的製作，可以和很多人進行美好的交流，這是我畢生的榮幸，也是鼓勵我前進的力量。今後也要再發想出更多美味的點心食譜，分享給大家知道，請大家多多指教。

最後，在此要感謝為本書進行最後完美修飾的設計家塚田小姐、為本書畫出可愛插畫的 KAORI 小姐、以及細心校稿的鈴木小姐、還有給予我這次出版機會並以淺顯易懂的方式完成本書編輯的 WANIBOOKS 的川上小姐，真的非常感謝。

然後，對於親愛的朋友們、一直支持我的家人們，也真的非常感謝！

希望買了這本書的人，都能享受製作點心的美好時光。

marimo

2016 年 9 月起，廚房工作室開幕！
點心教室的情報由此進入

Home Page　http://marimo-cafe.com
Blog　http://marimocafe.blog.jp
Instagram　https://www.instagram.com/marimo_cafe/

PROFILE

# marimo

日本製菓衛生師、點心研究家。

大學畢業後，一邊在印刷大廠上班，一邊在國際製菓專門學校的函授教育課程學習製作點心。之後又在好幾間不同的點心教室學習、鑽研技術。2015年自立門戶，在主持點心教室的同時，也為企業客戶設計食譜，以及在書籍、雜誌、網站上發表食譜，並活躍於各大電視及廣播圈，領域甚廣。也參與拍照攝影的點評、向攝影雜誌提供照片、舉行講習會、出席各項活動等等。著有《marimo cafe的幸福甜點》（SB Creative）。

TITLE

## 花漾甜點六宮格

STAFF

| | |
|---|---|
| 出版 | 三悅文化圖書事業有限公司 |
| 作者 | m a r i m o |
| 譯者 | 莊鎧寧 |
| 總編輯 | 郭湘齡 |
| 責任編輯 | 蔣詩綺 |
| 文字編輯 | 黃美玉　徐承義 |
| 美術編輯 | 孫慧琪 |
| 排版 | 沈蔚庭 |
| 製版 | 昇昇興業股份有限公司 |
| 印刷 | 皇甫彩藝印刷股份有限公司 |
| 法律顧問 | 經兆國際法律事務所　黃沛聲律師 |
| 戶名 | 瑞昇文化事業股份有限公司 |
| 劃撥帳號 | 19598343 |
| 地址 | 新北市中和區景平路464巷2弄1-4號 |
| 電話 | (02)2945-3191 |
| 傳真 | (02)2945-3190 |
| 網址 | www.rising-books.com.tw |
| Mail | deepblue@rising-books.com.tw |
| 初版日期 | 2018年2月 |
| 定價 | 320元 |

國家圖書館出版品預行編目資料

花漾甜點六宮格 / marimo作；莊鎧寧
譯. -- 初版. -- 新北市：三悅文化圖書,
2018.02
96面；18.2 x 25.7 公分
ISBN 978-986-95527-5-2(平裝)

1.點心食譜

427.16　　　　　　　　107000396